BEI GRIN MACHT SICH IHR
WISSEN BEZAHLT

- Wir veröffentlichen Ihre Hausarbeit,
  Bachelor- und Masterarbeit

- Ihr eigenes eBook und Buch -
  weltweit in allen wichtigen Shops

- Verdienen Sie an jedem Verkauf

Jetzt bei www.GRIN.com hochladen
und kostenlos publizieren

Sven-David Müller

Probiotika in der Ernährungsmedizin und Diätetik - machen Probiotika schlank?

Probiotika, Präbiotika und Synbiotika

GRIN Verlag

Bibliografische Information der Deutschen Nationalbibliothek:

Die Deutsche Bibliothek verzeichnet diese Publikation in der Deutschen National-
bibliografie; detaillierte bibliografische Daten sind im Internet über http://dnb.d-
nb.de/ abrufbar.

Dieses Werk sowie alle darin enthaltenen einzelnen Beiträge und Abbildungen
sind urheberrechtlich geschützt. Jede Verwertung, die nicht ausdrücklich vom
Urheberrechtsschutz zugelassen ist, bedarf der vorherigen Zustimmung des Verla-
ges. Das gilt insbesondere für Vervielfältigungen, Bearbeitungen, Übersetzungen,
Mikroverfilmungen, Auswertungen durch Datenbanken und für die Einspeicherung
und Verarbeitung in elektronische Systeme. Alle Rechte, auch die des auszugsweisen
Nachdrucks, der fotomechanischen Wiedergabe (einschließlich Mikrokopie) sowie
der Auswertung durch Datenbanken oder ähnliche Einrichtungen, vorbehalten.

Impressum:

Copyright © 2011 GRIN Verlag GmbH
Druck und Bindung: Books on Demand GmbH, Norderstedt Germany
ISBN: 978-3-656-28925-8

GRIN - Your knowledge has value

Der GRIN Verlag publiziert seit 1998 wissenschaftliche Arbeiten von Studenten, Hochschullehrern und anderen Akademikern als eBook und gedrucktes Buch. Die Verlagswebsite www.grin.com ist die ideale Plattform zur Veröffentlichung von Hausarbeiten, Abschlussarbeiten, wissenschaftlichen Aufsätzen, Dissertationen und Fachbüchern.

Besuchen Sie uns im Internet:

http://www.grin.com/

http://www.facebook.com/grincom

http://www.twitter.com/grin_com

Für das Leben: Probiotika - Anspruch und Wirklichkeit

Von Sven-David Müller, MSc.

Probiotische Lebensmittel stellen wohl derzeit das populärste und erfolgreichste Segment im Bereich der Funktionellen Lebensmittel dar. Die wichtigsten Vertreter, der als probiotisch ausgelobten Mikroorganismen auf dem europäischen Markt sind die Gattungen Lactobazillus und Bifidobakterium. Probiotische Mikroorganismen müssen bestimmte Anforderungen erfüllen, um als solche ausgelobt werden zu dürfen. Dazu gehören beispielsweise die gesundheitliche Unbedenklichkeit, eine ausreichende Toleranz gegenüber Magensäure und Gallensäure, Resistenz gegenüber Verdauungsenzymen, die technologische Eignung sowie der Nachweis von gesundheitsrelevanten Effekten. Der Darm ist das Zielorgan probiotischer Kulturen. Er gilt als das größte Immunorgan des Menschen. Probiotika zielen darauf ab, die Darmflora positiv zu beeinflussen. Das heißt, das Wachstum positiver Keime zu unterstützen und das Wachstum pathogener Keime zu hemmen. Die Wissenschaft forscht derzeit intensiv, um ausgelobte Wirkungen von Probiotika zu belegen. Als gesichert gilt der positive Einfluss der Probiotika auf den Verlauf von bestimmten Durchfallerkrankungen. Weiterhin sprechen Studienergebnisse für den Einsatz von Probiotika bei atopischen Erkrankungen wie Neurodermitis sowie bei chronisch entzündlichen Darmerkrankungen. Außerdem bestehen Hinweise für positive Einflüsse auf das Immunsystem sowie protektive Effekte gegenüber Kolonkarzinom. Es ist wichtig darauf hinzuweisen, dass Beweise für gesundheitliche Effekte nur für genau die probiotischen Lebensmittel, die Probiotika, die Keimkonzentration und die Verzehrsmenge und -dauer gelten, mit denen die jeweiligen Studien durchgeführt worden sind. Auch hat jeder Mensch eine individuelle und äußerst komplexe Darmflora, die noch nicht genügend charakterisiert ist. Deshalb können keine allgemeingültigen Aussagen zu gesundheitsförderlichen Wirkungen der Probiotika abschließend getroffen werden.

In der Werbung erscheint es oftmals so, als könnten probiotische Spezialprodukte den Mensch – vom Säugling bis zum Greis – wie ein Panzer abschirmen. In der Anzeigen und Werbespots schützen probiotische Säuglingsmilchnahrungen Babys vor Allergien und Unverträglichkeiten und natürlich alle Menschen vor der Erkältung. Aber was können Probiotika wirklich und sind wir darauf angewiesen. Welchen Stellenwert haben Probiotika für den Menschen. Die Fakten zuerst. Die Darmflora des Menschen ist bei der normalen Geburt steril und wird erst langsam bevölkert. Die Darmflora bildet sich heraus. Die Darmflora ist für den Menschen wichtig, denn sie schützt den Körper vor schädlichen Eindringlingen. Die Darmoberfläche ist die größte Oberfläche im menschlichen Körper, die mit der Außenwelt in Kontakt steht. Daher ist die Darmflora als Schutzfaktor auch so wichtig. Aber was sind Probiotika und was kann sich der Verbraucher von ihnen versprechen? Probiotika können in Lebensmitteln, funktionellen Lebensmitteln, diätetischen Lebensmitteln, ergänzend bilanzierten Diäten aber auch Arzneimitteln stecken. Wissenschaftliche Studien zeigen beispielsweise, dass Probiotika in der adjuvanten Therapie von Morbus Crohn und Colitis ulcerosa sowie dem Reizdarm-Syndrom einen festen Platz haben. Auch in der Wiederaufforstungstherapie nach Antibiotika-Gabe spielen Probiotika in Arzneimittelform eine wichtige Rolle. Natürlich weisen viele Studien die Wirkung von Probiotika nach und die EFSA hat auch Health Claims für probiotisch wirkende Mikroorganismen vergeben. Der Ursprünge zur Verwendung von Probiotika liegen bereits im Griechenland der Antike. In der Neuzeit wurde der Begriff „Probiotikum" (aus dem Griech.: „für das Leben") erstmalig von Ilja Iljitsch Metchnikoff geprägt (1907). Der Wissenschaftler, der auch mit dem Nobelpreis ausgezeichnet wurde, führte die durchschnittlich sehr lange Lebensdauer der bulgarischen Bevölkerung auf deren häufigen Verzehr von fermentierten Milchprodukten wie Kefir oder Brottrunk (Kwaas) zurück. Nach Vorschlag des damaligen Bundesinstituts für gesundheitlichen

Verbraucherschutz und Veterinärmedizin (1999) sind Probiotika wie folgt definiert: Probiotika sind definierte lebende Mikroorganismen, die in ausreichender Menge in aktiver Form in den Darm gelangen und dadurch positive gesundheitliche Wirkungen erzielen." Nach aktueller Studienlage haben Probiotika – sofern eine Sorte probiotischer Mikroorganismen in ausreichender Menge mindestens einmal täglich aufgenommen wird – verschiedene gesundheitsförderliche Effekte:

- Günstiger Einfluss auf Schwere und Dauer von Durchfallerkrankungen
- Stimulation der Immunabwehr
- Verringerung des Krebsrisikos
- Cholesterinsenkend

Probiotika gehören zur Gruppe der funkionierenden Lebensmittel (Functional Food). Zu Functional Food zählen Lebensmittel mit besonderen Inhaltsstoffen, die dadurch über die normale ernährungsphysiologische und sensorische Wirkung des ursprünglichen Lebensmittels hinaus positive Effekte auf den Körper haben mit dem Ziel eines verbesserten Gesundheitsstatus, eines gesteigerten Wohlbefindens und/oder einer Reduktion von Krankheitsrisiken wie beispielsweise Arteriosklerose, Herz-Kreislauf-Erkrankungen, Krebs oder Osteoporose. Functional Food gibt es in Form normaler Lebensmittel. Es handelt sich nicht um Kapseln, Pulver oder Pillen. Die gesundheitsfördernden Wirkungen sollen bereits bei verzehrsüblichen Portionen auftreten.[1] Beispielsweise können funktionelle Lebensmittel probiotisch, knochenfestigend, antioxidativ, immunstimulierend, blutdrucksenkend, cholesterinsenkend oder antikanzerogen sein.[2]

Hauptwirkungen einiger Inhaltstoffe von Functional Food	
Omega-3-Fettsäuren	Senkung der Triglyzeride und des VLDL-Cholesterins, Verbesserung der Blutfließeigenschaften
Nahrungsfasern	Senkung des Cholesterinspiegels, Anregung der Darmtätigkeit, Verbesserung der Zusammensetzung der Dickdarmflora
Vitamin E	Antioxidative Wirkung
Polyphenole	Antioxidative Wirkung, antikanzerogene Wirkung
Probiotika	Beeinflussung der Darmflora und des Immunsystems

Die wichtigsten Wirkungen von bestimmten Inhaltsstoffen von Functional Foods

Functional Food kann eine gesunde Ernährungsweise unterstützen. Insbesondere die essentiellen omega-3-Fettsäuren sind positiv zu bewerten, wenn man keinen Fisch isst. Auch ein plus an Nahrungsfasern ist zu begrüßen, da davon in Deutschland eine ungenügende Zufuhr herrscht. Jedoch sollte der Verzehr von Functional Food den Verbraucher nicht im Glauben lassen, dass dieser Beitrag für eine gesunde Ernährungsweise ausreicht und er sich ansonsten ungesund, das heißt energie- und fettreich mit viel Alkohol, ernähren kann. Außerdem sind immer nur bestimmte Nährstoffe den Lebensmitteln zugesetzt während andere fehlen. Functional Food kann also durchaus die Gesundheit fördern, sollte aber Teil einer ausgewogenen gesunden Ernährung sein.[3] Probiotika können eine ungesunde Ernährungsweise nicht ausgleichen. Aber sie können in der Prävention und Therapie von

---

[1] Biesalski, 2002, S. 312
[2] Erbersdobler, Meyer: Praxishandbuch Functional Food, 2002; I-0.2, 1
[3] Der Brockhaus Ernährung, 2004, S. 245

Krankheiten eingesetzt werden. Dies natürlich im Rahmen einer gesunden Ernährungs- und Lebensweise.

Zugeführter Inhaltsstoff	Produktbeispiele
Vitamine (Folsäure, Vitamin A, C und E, Karotinoide...)	ACE-Getränke, angereicherte Fruchtsäfte, Kakaopulver, Cerealien, Milchprodukte
Mineralstoffe (Magnesium, Eisen, Jod...)	Angereicherte Fruchtsäfte, Milchprodukte, Tafelwässer, Salz (Jod, Fluorid)
Nahrungsfasern	Angereicherte Backwaren, Frühstücksflocken oder Milchprodukte wie Frischkäse, Joghurt, Milchgetränke usw.
Omega-3-Fettsäuren	Eier, Brot, Getränke mit omega-3-Fettsäuren
Mikroorganismen (Milchsäurebakterien, Bifidobakterien)	Probiotische Milchprodukte
Sekundäre Pflanzenstoffe (Phenole, Phytoöstrogene, Quercetin...)	Frucht-/Gemüsesäfte

Tabelle: Beispiele für Functional Food

Novel Food (Neuartige Lebensmittel)

Für Novel Food gibt es, im Gegensatz zu Functional Food, klare Richtlinien in der Novel Food Verordnung von 1997. Danach werden unter Novel Food Lebensmittel und Lebensmittelzutaten verstanden, die vor 1997 noch nicht in nennenswerten Mengen für den menschlichen Verzehr verwendet wurden und die einer nachfolgenden Gruppe angehören:

- Lebensmittel/-zutaten, die genetisch veränderte Organismen enthalten oder aus solchen bestehen.
- Lebensmittel/-zutaten, die aus genetisch veränderten Organismen hergestellt wurden, diese aber nicht enthalten.
- Lebensmittel/-zutaten, die eine neue oder gezielt veränderte primäre Molekularstruktur aufweisen.
- Lebensmittel/-zutaten, die aus Mikroorganismen, Pilzen oder Algen bestehen oder aus diesen isoliert wurden.
- Lebensmittel/-zutaten, die aus üblichen Vermehrungs-, Zucht- und Herstellungsverfahren gewonnen wurden, aber der Allgemeinheit bisher noch nicht in nennenswertem Umfang zum Verzehr angeboten wurden. Zum Beispiel exotische Früchte.
- Lebensmittel/-zutaten, bei denen ein neues Herstellungsverfahren angewendet wurde und dadurch eine Veränderung in der Zusammensetzung oder der Struktur der Lebensmittel/-zutaten entstanden sind (beispielsweise Änderung des Nährwertes).[4]

Novel Food - Produkte benötigen eine gesetzliche Zulassung. Zudem gibt es umfangreiche Sicherheitstests. Die EU-Verordnung für gentechnisch veränderte Lebens- und Futtermittel von 2003 regelt deren Zulassung und Kennzeichnung verschärft. Beispielsweise sind Lebensmittel auch dann kennzeichnungspflichtig, wenn das Endprodukt keine gentechnisch veränderten Bestandteile mehr enthält, aber aus gentechnisch veränderten Mikroorganismen hergestellt wurde wie Öl aus gentechnisch veränderten Sojabohnen. Dazu gibt es spezielle Bestimmungen zur Rückverfolgbarkeit der Lebensmittelkette, bei dem jede Person, die eine Erzeugnis in den Verkehr bringt, Angaben dazu machen muss, ob das Produkt oder eine der Zutaten gentechnisch veränderte Organismen

---

[4] http://www.gruene-biotechnologie.de/inhalte/n_food000.html

enthält, daraus besteht oder daraus gewonnen wurde und gegebenenfalls den spezifischen Erkennungsmarker nennen muss. Damit gentechnisch veränderte Produkte zugelassen werden, müssen sie drei Kriterien erfüllen: Sie dürfen keine nachteiligen Effekte auf Mensch, Tier oder Umwelt haben, der Verbraucher darf nicht irregeführt werden und es darf nicht zu Ernährungsmängel kommen, wenn der Verbraucher Novel Food anstatt dem herkömmlichen Produkt verzehrt.[567]

Präbiotika und Probiotika
Der Verbraucher ist oftmals durch die Vielzahl der Begriffe verwirrt. Es gibt Probiotika, Präbiotika und auch Synbiotika. Prä- und Probiotika haben beide das Ziel, die Dickdarmflora des Menschen zu verändern. Dabei sollen die erwünschten Keime im Wachstum gefördert und die unerwünschten gehemmt werden. Synbiotika sind Produkte, die gleichzeitig prä- und probiotische Bestandteile enthalten. Eine gesunde Darmflora produziert möglichst viele kurzkettige Fettsäuren wie Ameisen-, Essig-, Propion- und Buttersäure.[8] Diese liefern einerseits der Darmwand Energie und andererseits senken sie den pH-Wert und hemmen dadurch die unerwünschten Mikroorganismen. Zudem erfolgt ein teilweiser Transport der kurzkettigen Fettsäuren zur Leber, wo sie die Bildung von Cholesterin hemmen. Dementsprechend kommt es zu einer Senkung des Cholesterinspiegels. Ein weiterer Vorteil ist die gesteigerte Mineralstoffresorption. Außerdem synthetisieren die Darmbakterien einige Vitamine wie Vitamin K, B_2, B_6, Biotin, Folsäure und Pantothensäure.

Merke:
- Funktionelle Lebensmittel/Functional Food
  = Lebensmittel mit einem gesundheitsfördernden Zusatznutzen

- Probiotika
  = definierte lebende Mikroorganismen, die in ausreichender Menge lebend den Darm erreichen und dort positive gesundheitliche Wirkungen erzielen

- Präbiotika
  = unverdauliche Kohlenhydrate, die das Wachstum von probiotischen Stämmen im Darm steigern

- Synbiotika
  = Kombination von Pro- und Präbiotika

Präbiotika
Unter Präbiotika oder Prebiotika versteht man Oligo- und Polysacharide (beispielsweise Oligofruktose), die weder im Magen noch im Dünndarm verdaut werden können und in den Dickdarm gelangen. Dort erfolgt ein fermentativer Abbau von der Dickdarmflora. Präbiotika dienen den Bakterien als Substrat und fördern deren Wachstum. Oligosaccharide, beispielsweise das Inulin, werden von den erwünschten Bakterien wie Milchsäure-, Bifido- und Eubakterien abgebaut, da diese das Enzym ß-Fruktosidase besitzen und die ß(1-2)-Bindungen spalten können. Andere lösliche Nahrungsfasern, wie beispielsweise Pektin, dienen auch den unerwünschten Bakterien wie Staphylokokken und Clostridien als Substrat,

---

[5] http://www.transgen.de/recht/gesetze/273.doku.html
[6] http://www.vis-ernaehrung.bayern.de/_de/left/fachinformationen/lebensmittelkunde/novelfood/gentechnikverordnung_neu.htm
[7] http://europa.eu.int/comm/food/food/biotechnology/tracabilite/index_de.htm
[8] Schek, 2002, S. 83

fördern somit das Wachstum aller Bakterien.[9] Eine gut besiedelte Darmflora vermag wahrscheinlich das Eindringen von Viren, pathogenen Bakterien und Toxinen in die Dickdarmschleimhautzellen zu verhindern.[10]

Probiotika
Probiotika sind lebende gesundheitsfördernde Bakterien, die beispielsweise in Joghurt aber auch natürlicherweise im menschlichen Dickdarm vorkommen, teilweise die Passage von Magen und Dünndarm überleben, schließlich in den Dickdarm gelangen und sich dort ansiedeln können. Durch Selektion von Stämmen werden beispielsweise gegen Magen- und Gallensäure sowie gegen Verdauungsenzyme resistente Bakterien gezüchtet. Dadurch wird sichergestellt, dass genügend lebende Bakterien im Dickdarm ankommen.

- physiologisch wirksame Stoffwechselleistungen bei Bakterien erst oberhalb von 106 Keimen pro Gramm Lebensmittel relevant und messbar (Mindestkeimzahl)
- Bei den meisten Produkten ist eine regelmäßige und tägliche Dosis von 108 bis 109 probiotischen Mikroorganismen erforderlich, um eine probiotische Wirkung im menschlichen Organismus zu entfalten

Bedeutung der Darmflora für den Menschen und seine Gesundheit
Wer über Probiotika spricht, muss auch über die Darmflora sprechen. Die Darmflora ist ein wichtiger Bestandteil des menschlichen Immunsystems. In den Publikumsmedien wird auch vom zweiten Gehirn gesprochen. Aber die Darmflora hat tatsächlich einen nicht zu unterschätzenden Effekt auf unsere Gesundheit. Aktuelle Studien zeigen sogar, dass die Darmflora einen Einfluss auf die Körpergewichtsentwicklung ausübt. Damit könnten Probiotika auch zur Prophylaxe und Therapie von Übergewicht und Adipositas eingesetzt werden. Diesbezüglich müssen aber noch weitere Studien abgewartet werden. In jedem Fallen ist es sinnvoll, dass Menschen, die nicht übergewichtig oder adipös werden möchten oder an Gewicht abnehmen wollen oder müssen, Probiotika aufnehmen. Fakten zur Darmfora:

- Im Gastrointestinaltrakt leben etwa 100 Billionen (1014) Bakterien
- 100 bis 400 Bakterienspezies
- 99 Prozent: strikt anaerob
- Zusammensetzung ist individuell unterschiedlich
- Beeinflussende Faktoren: Ernährung, Alter, Erkrankungen, Einnahme von Medikamenten

Der Darm und seine Mikroflora
Der menschliche Darm ist im Grunde ein langer Schlauch, dessen innere Oberfläche stark gefaltet ist. Auseinandergefaltet und ausgebreitet würde die Darmschleimhaut eine Fläche von etwa 400 Quadratmetern bedecken! Die Hauptfunktion des Darmes darin besteht, Nährstoffe und Wasser aus der Nahrung in den Körper aufzunehmen. Daher passieren viele Lebensmittel, aber auch Keime täglich den Darm, und viele davon können Allergene oder andere pathogene Wirkungen ausüben. Daher verfügt der Darm über ein effektives Abwehrsystem, damit potenziell gefährliche Stoffe nicht in das Blut- oder Lymphsystem eindringen können. Dieses darmassoziierte Immunsystem reagiert schnell und effizient auf Krankheitserreger und eliminiert sie, bevor sie sich vermehren und schädliche Wirkung entfalten können. Es macht 80 Prozent unseres gesamten Immunsystems aus.

---

[9] Biesalski, 2002, S. 276
[10] Erbersdobler, Meyer: Praxishandbuch Functional Food, 2002; I-7.1, 4

Die Schleimhaut des unteren Dünndarms, des gesamten Dickdarms und Mastdarms ist von Milliarden von Mikroorganismen besiedelt, die bis zu 500 verschiedenen Bakterienspezies angehören. Bestimmte Arten der Mikroorganismen in der Darmflora weisen eher günstige und andere eher ungünstige Eigenschaften auf. Als positiv werden Bakterien angesehen, die selbst nicht pathogen sind, keine toxischen Substanzen produzieren oder freisetzen und die Stoffwechselprozesse im Darm günstig beeinflussen. Normalerweise befinden sich die Mikroorganismen in einem Gleichgewicht, in dem die positiven Eigenschaften überwiegen. Die Zusammensetzung der Darmflora wird unter anderem durch Ernährung, medikamentöse Behandlung, Umweltfaktoren und Stress beeinflusst und im ungünstigsten Fall derart gestört, dass sie die Gesundheit beeinträchtigt.

Die Darmflora ist ein wichtiger Teil unseres Abwehrsystems. Sie bildet eine lebende Barriere gegen das Eindringen von Antigenen aus Lebensmitteln und krankmachende Mikroorganismen. Wenn genügend physiologische Keime die Darmoberfläche besiedeln, ist quasi kein Platz für die pathogenen Bakterien. Zudem stimulieren die Keime ständig das Immunsystem und halten es damit in Alarmbereitschaft. Nur so ist es in der Lage, schnell auf Gefährdungen zu reagieren (Isolauri et al. 2001).

Die Darmflora hat aber noch weitere nützliche Eigenschaften. Die Bakterien zersetzen unverdaute Bestandteile der Nahrung, beispielsweise aus Ballaststoffen, um sich zu ernähren. Dabei produzieren sie unter anderem kurzkettige Fettsäuren und Milchsäure. Kurzkettige Fettsäuren dienen den Zellen des Dickdarms als Energiequelle und erhalten sie gesund. Außerdem senken diese Fettsäuren und auch Milchsäure den pH-Wert des Darmlumens ab. Dies stellt einen weiteren Schutz gegen pathogene Keime dar: Diese können in saurem pH kaum gedeihen und sterben ab. Ist das Darmmilieu nicht sauer genug, können sich dagegen schädliche Fäulnisbakterien und Pilze im Darm stark vermehren (Isolauri et al. 2001).

Einsatz von Probiotika zur Bekämpfung bestimmter Diarrhoeformen
Neben der Ernährungstherapie gibt es Medikamente, die den Durchfall stoppen. Allerdings sollte der Einsatz nur bei akutem Durchfall kurzfristig erfolgen. Sind nämlich schädliche Erreger im Darm, bleiben diese im Körper und können die Darmschleimhaut schädigen. Ferner sind Mittel im Handel, die die Darmflora unterstützen sollen, beispielsweise mit Laktobazillen. Bei einer antibiotika-assoziierten Diarrhoe helfen Probiotika ein Gleichgewicht der Darmflora herzustellen.[11] Sind Bakterien die Verursacher des Durchfalls, können Antibiotika verabreicht werden. Bei starken Bauchschmerzen helfen Schmerzmittel.

Um von den Wirkungen profitieren zu können, sollte der Verbraucher die probiotischen Produkte regelmäßig verzehren. Der kontinuierliche Nachschub ist wichtig, weil ein Teil der aufgenommen Bakterien, die sich nicht an der Dickdarmwand angehaftet haben, aus dem Darm wieder ausgeschwemmt wird. Probiotische Produkte können zu einem schnelleren Aufbau der Darmflora, beispielsweise nach einer Antibiotikaeinnahme, führen.

Natürliche probiotische Produkte	Probiotische Fertigprodukte
• Naturjoghurt	• Probiotische Joghurts
• Buttermilch	• Probiotische Drinks
• Dickmilch (Sauermilch)	• Probiotischer Quark

---

[11] http://www.infoline.at/diarrhoe/probiotika.htm

- Kefir
- Brottrunk (alkoholfrei)
- Kwaas (Urform des Brottrunk – leider oftmals alkoholhaltig)
- Fermentierte, nicht mehr pasteurisierte Lebensmittel, wie Sauerkraut
- Kombucha

- Probiotische Molkenprodukte
- Probiotische Säuglingsmilchnahrung
- Probiotische Süß- und Konditoreiwaren
- Trockenmüsli mit gefriergetrockneten probiotischen Kulturen

Tabelle: Natürliche und hergestellte Probiotika

Eine Vielzahl von Mikroorganismen haben nach Studienlage eine probiotische Wirkung. Dazu gehören insbesondere Milchsäurebakterien aber auch Hefen, die beispielsweise dafür sorgen, dass Kefir eine probiotische Wirkung hat. Beispiele für probiotische Bakterienstämme in Nahrungsmitteln:

- *Bifidobakterium bifidum BB-12 [Chr. Hansen, Fitline all in 1000]*
- *Bifidobacterium lactis HN019 (= Howaru™ Bifido) [Danisco]*
- *Lactobacillus acidophilus LA-5 [Chr. Hansen, Fitline all in 1000]*
- *Lactobacillus acidophilus NCFM [Rhodia Inc.]*
- *Lactobacillus johnsonii La1 (= Lactobacillus LC1)*
- *Lactobacillus casei immunitass/defensis (Actimel)*
- *Lactobacillus casei Shirota (DSM 20312)*
- *Lactobacillus casei CRL431 [Chr. Hansen]*
- *Lactobacillus delbrueckii subsp. Bulgaricus [Fitline all in 1000]*l
- *Lactobacillus reuteri ATTC 55730 [BioGaia Biologics]* Brottrunk
- *Lactobacillus rhamnosus ATCC 53013 (=LGG) [Valio]*
- *Streptococcus thermophilus [Fitline all in 1000]*

Bakterien helfen beim Abnehmen
Bisher waren Probiotika insbesondere dafür bekannt, die Abwehrkräfte zu stärken. Aktuelle Forschungsergebnisse weisen aber darauf hin, dass bestimmte Bakterien und andere Probiotika einen Einfluss auf die Entstehung von Übergewicht haben. Zudem scheinen sie eine Diät unterstützen zu können. Die Darmflora übernimmt wichtige Funktionen wie das Bereitstellen einer Immunbarriere gegen krankheitserregende Bakterien, und sie spielt bei der Produktion von Vitaminen sowie der Verarbeitung ansonsten unverdaulicher Bestandteile unserer Nahrung eine Schlüsselrolle. Die Darmflora und ihre Stoffwechselprodukte helfen darüber hinaus auch bei der Steuerung des individuellen Energieverbrauchs und der Energiespeicherung.

Zusammenhang zwischen Darmflora und Fettleibigkeit
Jüngste vor allem an Tieren durchgeführte Studien deuten auf einen erheblichen Zusammenhang zwischen Darmflora und der Ausbildung von Fettleibigkeit sowie damit verbundener Störungen.[1–4] Die Anhaltspunkte werden als so stark eingestuft, dass im letzten Jahr von belgischen Forschern der englische Begriff „MicrObesity" (Mikroben und Fettleibigkeit, „obesity" engl. für Fettleibigkeit) geprägt wurde.[3] Nach Prof. Gasbarrini besitzen fettleibige Personen eine Darmflora mit geringerer Vielfalt und veränderten Stoffwechselwegen, die zu Übergewicht führen und das Abnehmen erschweren. Prof. Gasbarrini vertritt die Auffassung, dass die Aufklärung des möglichen Zusammenhangs zwischen Darmflora und Fettleibigkeit noch viele Jahre in Anspruch nehmen kann und komplizierter als ursprünglich gedacht zu sein scheint, da möglicherweise Wechselwirkungen zwischen Darmflora und Ernährungsgewohnheiten bestehen. „Bei der Geburt ist der Mensch

im Wesentlichen frei von Bakterien, und die Kolonisierung erfolgt unmittelbar nach der Entbindung", erklärt er. „Schließlich entwickelt sich der Körper zum Wirt für viele komplexe Mikrobenkolonien, und nach heutiger Kenntnis steht fest, dass Ernährungsgewohnheiten eine der wichtigsten, zur Vielfalt der menschlichen Darmflora beitragenden Faktoren sind. Alles, was wir bis jetzt sagen können, ist, dass fettleibige Personen im Vergleich zu normalgewichtigen Personen unterschiedliche Ausprägungsgrade bestimmter Darmbakterien besitzen[6], was die Art und Weise des Stoffwechsels für unterschiedliche Nahrungsmittel beeinflusst." Bei der Entstehung von Übergewicht und Adipositas spielt die Darmflora eine wichtige und bisher noch extrem unterschätzte Rolle. Menschen, die zu viele Kilos auf die Waage bringen, haben andere Bakterien und Hefepilze im Darm als Normalgewichtige. Die Mikroorganismen der Darmflora bei Übergewichtigen trägt dazu bei, dass die Nahrung besonders effizient ausgenutzt wird. Der Körper erhält sozusagen mehr Kalorien aus der Nahrung. Bei einer normalen Darmflora ist das nicht so. Scheinbar haben die Bewohner unseres Darms einen entscheidenden Anteil in der Entstehung von Übergewicht. Bestimmte Milchsäurebakterien (Laktobazillen) können die Darmflora gesunden und die Energieausbeute vermindern. Der Körper kann dann weniger Energie (Kalorien) aus der Nahrung aufnehmen. Dafür ist es aber wichtig, möglichst kalorienarme Probiotika aufzunehmen. Sie sollten möglichst zucker- und fettfrei sein. Dazu gehören beispielsweise frischer Sauerkraut, fettarmer Kefir, fettarmer probiotischer Joghurt und Brottrunk. Menschen mit Normalgewicht haben andere Bakterien im Dickdarm als übergewichtige Menschen. Insbesondere die Kohlenhydratverwertung wird bei Übergewichtigen durch die veränderte Darmflora verbessert und damit bezüglich der Gewichtsentwicklung verschlechtert. Die Gesamtenergiebilanz kann um 10 Prozent verändert sein und es ist schon ein gewaltiger Unterschied, ob 2000 Kilokalorien im Körper sind oder 2200. Im Tierversuch bauen Mäuse 40 Prozent weniger Körperfett auf und benötigen weniger Insulin. Die Darmflora von Menschen und Tieren sorgt nachweislich dafür, dass die Nahrung extrem gut ausgewertet wird und das trägt zur Gewichtszunahme bei. Zudem führen die falschen Bewohner im Darm auch dazu, dass verstärkt Körperfett aufgebaut wird. Auch der Aufbau von Fett selbst wird gefördert. Zudem wird der Fettsäureabbau gehemmt. Auch wird der Fettabbau gehemmt. Aber die Darmflora ist auch verantwortlich dafür, dass Substanzen gelangen oder nicht. Sie dichten den Darm sozusagen ab. Gelangen bestimmte Stoffe über die Darmschleimhaut in den Körper, kommt es zu Entzündungen. Und im Rahmen von entzündlichen Reaktionen wird die Entstehung von Übergewicht auch wieder gefördert. Das trifft umso mehr zu, da es zusätzlich zu Veränderungen der Insulinwirkung kommt. Es kommt zur Insulinresistenz und auch der Fettaufbau wird gefördert. Wer eine ungesunde Darmflora hat, muss sich nicht wundern, wenn er zunimmt, nicht abnimmt oder immer wieder Opfer des Jojo-Effektes wird. Die negativen Stoffwechselauswirkung der Darmflora fördern die Entstehung von Diabetes melllitus Typ 2, Fettstoffwechselstörungen sowie Fettleber.
Wie kann ein besseres Verständnis der Darmflora zur Entwicklung neuartiger Ansätze im Kampf gegen Fettleibigkeit beitragen? „Wenn wir ein spezifisches, mit einem erhöhten Risiko für Stoffwechselstörungen beim Menschen verbundenes Darmfloraprofil identifizieren können, kann ein solches Profil in Zukunft möglicherweise mit Präbiotika, Probiotika oder gezielten Antibiotika modifiziert werden", so Prof. Gasbarrini. „Allerdings ist noch sehr viel mehr Arbeit erforderlich, bevor wir einen solchen Ansatz empfehlen können." Es ist wahrscheinlich, dass die Einnahme von Antibiotika die Entstehung von Übergewicht fördern könnte, da sie Einfluss auf die Darmflora hat. Andererseits könnten Antibiotika auch einen Stellenwert in der Vorbeugung und Behandlung von Übergewicht haben, wenn sie bestimmte Bakterien der Darmflora zerstören, die sonst Übergewicht fördern. Grundsätzlich darf der Effekt von Probiotika nicht überschätzt werden. Aber sie haben auch einen durch Studien nachgewiesenen festen Platz in der Prophylaxe und Therapie (und natürlich adjuvanten Therapie) von akuten und chronischen Leiden. Im einer gesunden Ernährungsweise ist der

Konsum von Probiotika grundsätzlich anzuraten. Es darf aber nicht übersehen werden, dass viele Probiotika reich an Milchzucker sind und von vielen Menschen nicht verrragen werden. Eine der wenigen Ausnahmen ist Brottrunk. Für alle Probiotika gilt, dass Sie in ausreichender Menge täglich einzunehmen sind. Andernfalls kann mit einer wie auch immer gearteten Wirkung nicht gerechnet werden. Eine absolute Sicherheit vor grippalen Infektionen (Erkältungskrankheiten) oder Allergien und Unverträglichkeiten bieten sie nicht.

Literatur
1. 1. Tilg H, Moschen AR, Kaser A. Obesity and microbiota. Gastroenterology 2009;136(5):1476-83.
2. Kau AL, Ahern PP, Griffin NW, et al. Human nutrition, the gut microbiome and the immune system. Nature 2011;474(7351):327-36.
3. Cani PD, Delzenne NM. The gut microbiome as therapeutic target. Pharmacol Ther 2011;130(2):202-12.
4. Esteve E, Ricart W, Fernández-Real JM. Gut microbiota interactions with obesity, insulin resistance and type 2 diabetes: did gut microbiote co-evolve with insulin resistance? Curr Opin Clin Nutr Metab Care 2011;14(5):483-90.
5. Backhed F, Ding H, Wang T, et al. The gut microbiota as an environmental factor that regulates fat storage. Proc Natl Acad Sci U S A 2004;101:15718-23.
6. Angelakis E, Armougom F, Million M, et al. The relationship between gut microbiota and weight gain in humans. Future Microbiol. 2012 Jan;7:91-109.

Buchtipp: Die 50 besten und die 50 gefährlichsten Lebensmittel, Schlütersche Verlagsgesellschaft mbH, Sven-David Müller, 12,90 Euro

Das Kalorien-Nährwert-Lexikon

Praxis der Diätetik und Ernährungsberatung

Autor:
Sven-David Müller, MSc.
Master of Science in Applied Nutritional Medicine (Angewandte Ernährungsmedizin), staatlich anerkannter Diätassistent und Diabetesberater der Deutschen Diabetes Gesellschaft

Zentrum und Praxis für Ernährungskommunikation, Diätberatung und Gesundheitspublizistik (ZEK)

Ostheimer Straße 27d
61130 Nidderau-Windecken bei Frankfurt am Main

www.svendavidmueller.de
info@svendavidmueller.de